SOCIÉTÉ DE GÉOGRAPHIE DE LILLE

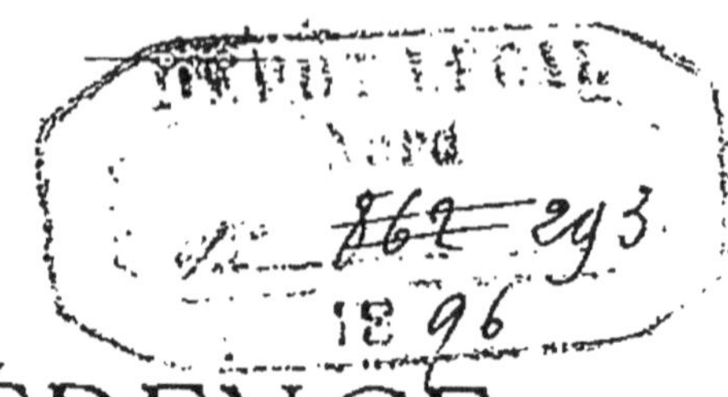

CONFÉRENCE

par

LE PRINCE HENRI D'ORLÉANS

12 Mai 1896

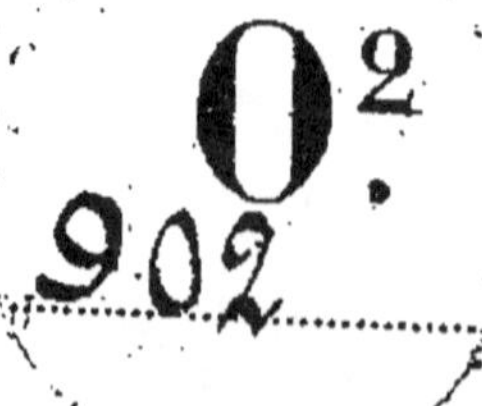

LILLE, IMPRIMERIE L. DANEL.

Conférence

par

Le Prince Henri d'Orléans

CONFÉRENCE

par

LE PRINCE HENRI D'ORLÉANS

12 Mai 1896

LILLE, IMPRIMERIE L. DANEL.

CONFÉRENCE

par

LE PRINCE HENRI D'ORLÉANS

Mesdames, Messieurs,

Le Président de la Société de Géographie de Lille, M. Paul Crépy, a bien voulu m'inviter au nom de la Société à venir faire un récit de mon dernier voyage. Je suis heureux de parler dans cette ville de Lille qui se préoccupe autant des questions scientifiques et particulièrement de celles de voyages comme le prouve l'existence de votre Société et que, d'un autre côté, ses grands intérêts industriels et commerciaux, en la poussant à chercher des débouchés au loin, oriente vers les idées coloniales qui me sont si chères.

Malgré le désir que j'aurais de vous dire quelques mots de la première partie de mon voyage, c'est-à-dire d'excursions dans nos belles colonies de Madagascar et d'Indo-Chine, je ne voudrais pas abuser de votre patience et je me contenterai de vous dire mon exploration du Tonkin aux Indes.

A la fin de Janvier 1895, nous quittons Hanoï pour monter le Fleuve Rouge; le trajet se fait sans difficultés en vapeur jusqu'à Laokay, de là en jonque jusqu'à Manhao, port de Mongtsé. C'est dans cette dernière ville que nous organisons notre caravane.

Mongtsé, poste de Consul Français, et de plusieurs douaniers anglo-chinois, est un centre commercial assez important.

En 1894, on comptait 114.899 mules passant à la douane de Mongtsé, le chiffre du commerce était de 2.185.200 taels, le Tonkin entrait en compte dans ce chiffre pour 313.963 taels.

Le peu d'importance du commerce du Tonkin avec la Chine tient, à mon avis, à trois causes principales :

1º Les commerçants français ne produisent pas des marchandises convenant au goût et à la bourse des indigènes auxquels ils s'adressent.

2º Les frais de transport par voie du Fleuve Rouge sont trop élevés. Tant qu'une ligne de chemin de fer dont la nécessité semble s'imposer, n'aura pas été faite et que nous serons sous le régime des monopoles, le commerce ne pourra pas profiter de la concurrence qui, ainsi que me le faisait remarquer le commissaire des douanes à Mongtsé, est son sang.

3º La monnaie échangée entre le Tonkin, l'Annam et la Chine, était de la part des premiers le sel qu'on introduisait au Yunnam. Une des clauses du traité de 1885, réclamée par les Chinois sur le conseil des douaniers anglais, supprima ·l'introduction du sel au Yunnam. Lorsque l'on voulut revenir sur cet article, le Gouvernement de

Pékin répondit qu'il avait fait des contrats avec des salines du Yunnam. Les contrats sont maintenant expirés, la suppression de la clause nuisible à notre commerce peut être traitée diplomatiquement.

Tout en nous occupant de prendre des renseignements commerciaux, nous achetons des mulets, engageons des hommes et formons notre caravane. Une partie de nos bagages et de notre argent est envoyée d'avance par la grande route à Talifou. -

Nos plans sont arrêtés. Longeant en Chine la bordure Nord du Tonkin et des Etats Laotiens, nous irons chercher le Mékong au point où il entre en Indo-Chine, c'est-à-dire non loin de celui où Francis Garnier le quitta. Nous remonterons ensuite le fleuve nous tenant aussi près que possible de lui afin de relever son cours encore inconnu en Chine. Le but du voyage sera d'atteindre Tsékou, à la frontière du Tibet ; au-dessus de Tsékou le Mékong a été suivi par des missionnaires français.

Notre halte sera Talifou, le grand marché occidental du Yunnam. Quant au retour, rien n'est encore décidé ; nous ferons de notre mieux d'après nos moyens et les circonstances.

Telles sont les principales lignes de l'itinéraire que nous nous proposons de suivre. Si nous réussissons , d'un côté, nous pourrons, de l'est à l'ouest, parcourir une contrée qui intéresse particulièrement nos possessions d'Indo-Chine, puisqu'elle en forme la zone naturelle d'expansion pacifique et commerciale ; collaborant sur les territoires chinois, frontières des nôtres à l'œuvre de la mission Pavie , nous joindrons ainsi ses travaux et ceux de l'état-major autour de Mongtsé, de Kaihoa-fou et sur la bordure du Tonkin , à ceux plus anciens, mais non moins admirables de Francis Garnier.

De l'autre côté, il nous sera permis de reprendre du sud au nord la suite de l'entreprise si française commencée il y a 3o ans par Francis Garnier, l'exploration du fleuve qui, depuis son entrée en

Indo-Chine jusqu'à son embouchure, est géographiquement sinon encore politiquement, entièrement nôtre. Le cours du Mékong dans le Yunnam, c'est-à-dire sur plus de 1.000 kilomètres depuis les frontières du Tibet jusqu'à celles du Laos, est encore inconnu. Il importe que la conquête scientifique commencée par des Français soit continuée par des Français. C'est pour permettre à M. Roux de travailler avec moi en vue de ce but, que M. Delcassé a bien voulu l'attacher au Ministère des Colonies, et lui accorder un congé illimité. Nous avons un plan, une idée et la foi, assez pour avoir sinon la certitude du moins confiance dans le succès.

Le 27 Février nous quittons Mong-tsé. Notre troupe comprend, en dehors de nous trois (votre serviteur, M. Roux, enseigne de vaisseau, et M. Briffaud, colon « de la première heure » au Tonkin), deux Annamites: l'un, Sao, qui m'a déjà accompagné dans mon voyage au Laos, joint aux qualités de domestique dévoué, celles de bon chasseur et d'excellent préparateur ; l'autre, Nam, qui nous sert de cuisinier. Notre interprète est un Chinois de Chang-hay, sur lequel j'ai eu la chance de mettre la main à Langson. Il est fort difficile de trouver au Tonkin des interprètes français – chinois, surtout parlant la langue mandarine, usitée au Yunnan. — Nous avons un *makotéou* (chef muletier), à la tête de 6 hommes. Notre cavalerie se compose de 27 animaux (mulets et chevaux).

C'est avec cette caravane que nous retournons à Manhao où nous arrivons le 1ᵉʳ Mars.

Pendant notre court séjour à Manhao nous avons, Roux et moi, trouvé l'amorce d'une route sur la rive droite du fleuve Rouge. C'est une chance pour nous, car dans ces régions les habitants ne sont pas prodigues de renseignements, et nos hommes et l'interprète ne se souciant pas de sortir des chemins battus, il faudra user des artifices et de ruses continuelles pour les entraîner hors des grandes routes. Nous sommes obligés de jouer au plus fin avec des Chinois, et qui connaît les habitants du Céleste Empire comprendra qu'il n'est pas aisé de rouler les premiers diplomates du monde. Pendant toute la partie du voyage entre Mont-tsé et Talifou c'est-à-dire pendant trois mois, les principales difficultés que nous rencontrerons viendront de nos muletiers eux-mêmes. A la merci de gens bas, avides, n'épousant jamais nos intérêts, mal servis par un interprète orgueilleux, dont le langage prise parfois l'insolence, nous n'avons d'autres recours contre eux que la patience. Il faut étouffer ses sentiments, et apposer aux murmures et aux réclamations le mur de l'indifférence.

Pour excuser un peu les mécontentements qui se manifestent dans notre troupe, il est vrai de dire que le métier de mafou est rude, surtout dans la région où nous sommes engagés.

Le pays est très accidenté ; ce sont de perpétuelles montées et descentes sur des pentes fort raides, par un chemin dallé, humide et glissant. Nos pauvres animaux s'épuisent sur ces surfaces qui ne leur offrent plus de prise, et tombent à chaque instant. Nous ne savons plus ce que c'est qu'un terrain plat. Ajoutez à ces difficultés, l'ennui d'un temps sale, maussade, pluvieux, de brouillards continuels. Au bout de deux jours nos *majous* sont désespérés et parlent de nous quitter. Quelques–uns se laissent aller comme des femmes et pleurent, et il nous faut sortir tout un arsenal de belles promesses, et faire reluire à leurs yeux l'espoir de jours de plaisirs dans les grandes villes, pour les décider à continuer. Je ne mets pas au nombre des difficultés matérielles celles qui tiennent au logement ou à la nourriture. Imaginez les « trous » les plus noirs, les plus étroits, les plus sordides, et peut–être vous ferez–vous une idée des demeures dans lesquelles nous nous empilons la nuit. La pièce qui sert de chambre ou de cuisine est parfois si sale que nous sommes heureux de trouver un refuge dans l'écurie ou dans le grenier, sur la paille.

Si la vie matérielle laisse à désirer, en revanche, pour ce qui regarde l'étude, nous avons lieu d'être pleinement satisfaits. Nous traversons des populations indigènes fort intéressantes, et j'ai l'occasion de prendre bon nombre de photographies et de notes. Mon compagnon, M. Roux , s'attache spécialement à la question de la carte, et lorsque le temps est assez beau, des observations au théodolite et au sextant lui permettent de rectifier ses itinéraires. M. Briffaud dirige la caravane qu'il accompagne, tâche souvent très ingrate. Avec la division du travail ainsi bien marquée, nous espérons faire plus de besogne.

Le 13 Mars, nous atteignons Issa, jolie ville assise au milieu des grands arbres sur plusieurs collines qui dominent le fleuve Rouge ; c'est un riant tableau qui jette une note gaie sur la monotonie des collines dénudées, enserrant le fleuve.

Le coup d'œil que nous avons devant les yeux pendant un jour d'arrêt à Issa, nous fait oublier en partie les ennuis de la foule chinoise. Nous sommes en effet entourés de cette multitude jaune, sale, insolente qui nous retrouverons dans toutes les villes de quelque importance et qui sans être hostile viendra tourner, s'agiter, bourdonner autour de nous, comme une nuée de moustiques. Oh ! combien je préfère aux bonnes auberges et aux ressources des villes, une belle prairie dans les montagnes, un ruisseau clair, un maigre diner, mais la grande tranquillité et la liberté !

A Issa on vient nous parler d'un animal étrange, une sorte de dragon, entre les yeux duquel étincelle dans la nuit une escarboucle énorme. Le monstre est connu ; il habite sur une colline située en face de la ville, et le joyau qu'il porte envoie ses rayons à plusieurs lis de distance. Le temps nous manque hélas ! pour poursuivre la Tarasque du Song Coï. Il n'y a décidément pas que la France qui ait son midi.

Après Issa nous faisons un coude dans l'ouest, reconnaissons de nouveau la vallée du Fleuve Rouge, pour la quitter définitivement presque aussitôt.

A Tayangka nous remarquons à côté du chemin qui vers le Nord va rejoindre la grande route, un sentier qui se dirige dans l'Ouest. Le maire du village que notre interprète interroge pour des renseignements commerciaux, déclare que ce sentier est la petite route suivie à la saison riche par les caravanes de thé et de coton, et il nous donne le nom des étapes. Pour nous il n'y a pas à hésiter ; voilà une route nouvelle : Siao lou, petit chemin, disent les mafous en faisant la grimace. Si des mulets y passent, d'autres peuvent y aller. En route !

Et voilà comment le 6 avril nous atteignons Ssemao, ayant parcouru depuis Manhao près de 6oo kilomètres un pays inexploré, à travers lequel les Anglais Bourne et Colqhoun avaient déclaré le passage impossible.

Le pays toujours montagneux est en partie cultivé en rizières, celles-ci .encore sous l'eau s'étagent au flanc des collines comme des escaliers géants dont les marches auraient des miroirs à leur surface. L'effet est bizarre. On ne peut s'empêcher d'admirer le parti que les Chinois tirent de terrains qui paraissent ingrats. La moindre parcelle de terre cultivable est utilisée.

Les peuples non chinois sont moins industrieux que leurs dominateurs. Nous rencontrons des races intéressantes, des Lolos, des Yaos, des Pais ou Thais qui ne sont autres que des Laotiens. Enfin des Hou-Nis. Ces derniers sont peut-être les aborigènes du Yunnam. Tandis que les autres populations ont des légendes qui nous les montreront jadis du Nord ou de l'Est, de l'avis de tous les Hou-Nis ont depuis les temps les plus reculés, occupé les montagnes du Yunnam.

Gens sauvages, mais généralement pacifiques les Hou-Nis, sont accusés de pirateries par les Chinois aux exactions desquels ils ne veulent pas toujours se soumettre. Nous avons eu généralement de bons rapports avec ces indigènes du Yunnam. Deux fois pourtant, nous nous sommes trouvés en difficultés avec eux.

Etant arrivés à la nuit à une petite maison isolée dans les champs, nous nous installons pour y passer la nuit. Nos hommes négligent de paqueter à nouveau une petite caisse que j'avais été obligé d'ouvrir. Le lendemain matin la caisse a disparu ; fort heureusement, elle ne contenait que quelques boîtes de conserves et un manteau.

Après avoir vainement interrogé et menacé les trois uniques habitants de la chaumière, n'ayant pas le temps d'aller nous plaindre au chef du village nous nous décidons à un grand parti : nous emmènerons un de nos hôtes comme prisonnier et lorsque ses parents rapporteront la caisse on lui rendra la liberté. J'ai rarement vu une scène aussi drôle que celle du misérable goitreux, demi-idiot, à genoux les mains derrière le dos et recevant la becquée des mains de son épouse.

Le prisonnier nous suit tant bien que mal, clopin-clopant, tandis que nous entendons encore les pleurs de ses parents. Le soir, au camp, notre compagnon malgré lui aide nos hommes et partage leur repas. Le lendemain, lorsque désespérant de jamais revoir notre caisse, nous rendons la liberté au prisonnier, il ne semble pas montrer grand empressement à retourner chez lui et je crois que volontiers il continuerait à suivre les gens qui l'ont si bien traité.

La seconde fois, mon boy Sao et moi nous étions séparés de la caravane et entrant à la nuit pour trouver un gîte dans une maison d'indigènes Hou-Nis, nous sommes pris par des pirates par les gens du village que prévient un enfant. On envahit à main armée la cour où nous nous trouvons, et j'ai un moment de crainte sur la tournure que vont prendre les événements. Sao nous tire d'affaire et sauve la situation en prenant le sol de la cour comme une grande ardoise et en écrivant des explications, avec son doigt. Les caractères étant les mêmes en chinois et en annamite, mais la prononciation fort différente, ce qu'il ne pouvait dire, il l'écrivait. Mes assaillants et moi nous entendons , j'obtiens des vivres, une boisson faite avec un arbuste sauvage et qui a la prétention de ressembler au thé et une nuit de sommeil au milieu d'hommes armés et demi-gris. C'est pourtant avec plaisir que le lendemain matin, je me retrouve en selle dans la forêt.

L'établissement d'un Consulat de France à Ssemao, que vient de créer le dernier traité avec la Chine, doit donner à nos yeux un intérêt particulier à cette ville. C'est un centre de commerce important ; la ville a une dizaine de mille âmes ; la population flottante composée des caravaniers et des muletiers, qui séjournent dans les nombreuses auberges des faubourgs, est considérable. Les deux principaux articles de commerce sont le thé qui s'exporte dans toute la Chine, et le coton qui est dirigé sur le Fleuve Rouge, à Yunnam Sen et même jusqu'au Setchuen.

A propos du coton permettez-moi de vous citer quelques lignes d'une lettre que m'écrivait le commissaire des douanes de Mongtsé.

« Il n'y a pas de raison pour que les toiles et étoffes de coton envoyées au Yunnam ne viennent pas du Tonkin et n'y soient pas manufacturées. La contrée et le climat conviennent certainement à la culture du coton et comme je viens d'un des plus grands états producteurs de coton de l'Amérique, le Missisipi, je pense pouvoir exprimer une opinion dans de bonnes conditions. Les manufactures du Tonkin, recevant leur coton sur place devraient pouvoir le vendre moins cher que tous les autres pays. L'avenir du Tonkin, à mon idée, est lié « au marché blanc».

Les Anglais en Extrême Orient sont convaincus des bénéfices qui doivent revenir du travail du coton et plusieurs usines se sont établies à Changhai, les actions sont vites souscrites ce qui prouve que les étrangers ont grande foi dans cette entreprise. Si la question était convenablement exposée aux capitalistes français, je suis sûr que des usines de coton seraient bientôt établies dans tout le Tonkin ».

Le coton vient à Ssemao du Laos Birman et même de la Birmanie. Le Tonkin et l'Annam peuvent produire d'excellents cotons.

Il y a là une place indiquée à prendre pour notre commerce sur le marché du sud de la Chine. Les renseignements que j'ai recueillis assureraient à Ssemao d'un mouvement annuel de 7.000 piculs de thé et de la même quantité de coton.

On nous apprend que deux Anglais viennent de quitter la ville. La nouvelle n'est pas faite pour nous réjouir. Les reconnaissances se multiplient au Yun-nam, la course est faite entre Français et Anglais, même entre Français ; le champ de l'inconnu se réduit de jour en jour avec une singulière vitesse, et pour trouver à traverser un espace encore blanc sur la carte, il faut se hâter.

Nous couperons deux fois l'itinéraire de ces voyageurs et serons assez heureux pour ne faire que 200 kil. communs avec eux, entre Yun-chou et Talifou.

Nous ne restons que trois jours à Ssemao le temps de changer des mulets malades contre des animaux frais. Durant notre séjour nous n'avons qu'à nous louer du mandarin chinois, homme fort aimable et qui se montre très poli à notre égard. Je n'entends pas dans cette partie du Yunnan les mots malsonnants qui venaient sans cesse frapper nos oreilles au Ssetchuen et qu'il fallait relever. La foule est ennuyeuse, mais non hostile. Certaines gens à notre départ du Tonkin se préoccupaient du contre-coup que pourrait avoir au Yunnan la guerre du Japon. Qu'ils se rassurent, non seulement elle n'a pas d'écho dans ses provinces, mais à part chez quelques mandarins, elle est absolument ignorée de presque tout le monde.

Le 11 Avril nous quittons Ssemao pour cette vallée du Mékong, que des voyageurs précédents avaient dépeinte par ouï-dire comme malsaine et dangereuse ; ils avaient même ajouté qu'il serait difficile d'y entraîner des mafous. Je dois dire que nos hommes n'ont fait aucune difficulté à nous y suivre. Entre

Ssemao et le fleuve la route traverse un gros massif calcaire, avec des formations isolées rappelant celles du Kaiking ou du Dongtrieu au Tonkin. Dans les cuvettes qu'entourent ces rochers nous rencontrons des villages Pais. Le 15 Avril, à Longtane, nous tombons sur une colline de Pais ; exactement semblables aux Laotiens que je connais. Comme eux ils portent leurs cheveux en chignon, et comme eux ils sont tatoués. Les Chinois paraissent avoir pour ces Pais des ménagements particuliers, car ils donnent à leurs soldats sous forme de plaques d'argent, des récompenses qu'ils n'accordent pas à d'autres. Longtane apparaît dans ces régions, au milieu des populations qui ont adopté sinon la langue du moins les coutumes. la coiffure et le vêtement des Chinois, comme un ilôt bien isolé. C'est le seul point où j'ai retrouvé les vrais Thais, restés eux-mêmes en Chine. Le 18 Avril nous arrivons sur les bords du Mékong. J'éprouve un vrai plaisir à voir cette vieille connaissance, ce fleuve que j'ai déjà vu en Cochinchine, au Cambodge, que j'ai descendu au Laos, et que nous avons traversé bien loin dans le Tibet. Au bord du Mékong, il nous semble trouver quelque chose de la France ; n'est-il pas en effet un peu nôtre ce grand fleuve asiatique que nous avons acquis par nos campagnes, nos revendications anciennes, nos explorations. Que de Français depuis sont tombés autour de ce géant comme pour marquer nos droits d'une manière indélébile; Ce sont les Massie, les Mouhot, les de La Grée et loin au Nord dans des pays perdus de braves missionnaires Français, héros inconnus !

Le fleuve coule ici sur une largeur de 110 à 150 mètres, entre des collines boisées en partie, aux pentes moins escarpées que celles qui forment la vallée du Fleuve Rouge. Des rapides, par endroits, rendent la navigation impossible. Aucune embarcation n'en suit le cours. On ne fait que le franchir aux différents points de passage, sur de grands bacs. Désormais, jusqu'au 20

Mai, nous nous tenons sur la rive droite.
Seul, M. Roux, avec deux hommes,
fera une excursion sur la rive gauche.
Me quittant le 24 Mai, il franchit le
fleuve à Nam-Pi, puis parcourt la plaine
Pai de Mong-Ka, pour venir nous
rejoindre à une trentaine de kilomètres
avant Mienning. Pendant cette excursion de mon compagnon, nous-mêmes
sommes venus côtoyer le Mékong. Ce
sont donc quatre points de son cours
qu'il nous est permis de relever ; un
cinquième nous est donné après
Mienning, alors que nous gagnons Yun-
chou par une route détournée ; enfin,
nous retrouvons le fleuve pour la
sixième fois, lorsque nous le franchissons
entre Chunning-fou et Meng-hoa-ting.
Toujours autant de montagnes qu'auparavant. Coupant les affluents du fleuve
et passant chaque jour d'une petite vallée
dans l'autre, c'est continuellement la
même manœuvre qu'il faut recommencer.

Le 2 Mai, un petit coude à travers une
zône de mamelons boisés peu élevés

nous fait passer presque insensiblement dans le bassin de la Salouen où nous restons quelques jours.

Auparavant, la région que nous avions parcourue était occupée par des populations Lochais, assez voisines des Lolos, mais ne possédant pas une écriture comme leurs frères. Il y a quelques années, les Lochais étaient en guerre avec les Chinois. Maintenant la paix est rétablie. Néanmoins, ils sont assez sauvages et pour pouvoir assister à leurs danses très caractéristiques, il nous a fallu un arrêt de plusieurs jours parmi eux ; arrêt bien involontaire d'ailleurs.

Un vol avait été commis au préjudice de M. Roux, vol d'autant plus grave qu'il faisait perdre nos travaux géographiques. Avec de la patience, la promesse d'une récompense et l'aide de mandarins, mon compagnon a pu, Dieu merci ! rentrer en possession de son bien.

A partir du 4 Mai où nous arrivons à Mienning, nous nous trouvons en pays purement chinois. — Quoique la route devienne meilleure, les difficultés que

nous avons avec nos hommes augmentent.
Ils se trompent volontairement de route
pour prendre la plus directe et la plus
connue jusqu'à Tali et nous sommes
obligés de revenir en arrière pour les
mener où nous voulons — 2 jours de
perdus. Puis, nous devons laisser le chef
muletier, incapable qu'il est de continuer.
Il a été criblé de coups de couteau par
un de ses hommes qui exerce contre lui
une vengeance couvée depuis Muong-Li,
c'est-à-dire depuis un mois et demi.
Tous deux avaient tort. L'agresseur
s'enfuit.

Enfin, quelques jours après, c'est
l'interprète dont il faut nous séparer ; la
mesure est plus grave mais nécessaire.
Orgueilleux jusqu'au bout des doigts et
pensant être indispensable. (François c'est
ainsi qu'on l'appelle) se croit toute
insolence permise. Deux giffles vigou-
reusement appliquées de la main de
M. Briffaut viennent lui rappeler fort à
propos que ce n'est pas impunément
qu'on répond à un Français par « le
mot de Cambronne ». L'insolence n'est

d'ailleurs pas le seul grief que nous ayons contre François. Deux fois, il a cherché à exciter nos hommes contre nous. Ce n'est donc pas seulement un vaniteux, c'est un homme qui, en pays sauvage, pourrait devenir dangereux. Nous éprouvons un vrai soulagement à en être débarrassés. Son absence ne nous empêchera pas de continuer notre voyage. En vain a-t-il poussé nos *mafous* à nous abandonner, ses conseils n'ont pas abouti. Et c'est lui qui est le « dindon de la farce » qu'il croyait nous jouer. Nous voilà donc sans interprète ; il ne nous reste qu'à apprendre le chinois. Pour les besoins de la route nous nous en tirons déjà ; quant aux renseignements, avec de la persévérance et de la volonté, nous arriverons bien à les obtenir. Nous trouverons une aide dans certains de nos hommes qui commencent à comprendre l'objet de nos recherches.

Nous allons maintenant de ville en ville, à travers de belles plaines, larges cuvettes, riches et peuplées. Yun-chou, Chunning-fou et Meng-hoa-ting. Entre ces deux villes nous revoyons pour la sixième fois le Mékong qu'on traverse sur un pont. La monotonie et l'uniformité des pays entièrement chinois, rend cette partie du voyage ennuyeuse. On se presse on fait de longues étapes, chacun a envie d'arriver.

Le 26 Mai, nous découvrons le lac de Tali ; long lac gris, bordé à l'Est de collines nues plongeant presque à pic, séparé de montagnes élevées à l'Ouest par une bande de terrains de plusieurs kilomètres. Sur cette plaine, de vieux remparts, restes de l'insurrection musulmane, sous lesquels viennent courir les fils du télégraphe de Birmanie ; des faubourgs importants, de nombreux villages, enfin, au milieu des arbres Tali-fou, ville toute en longueur, aux rues larges, aux maisons basses.

Voilà la première étape de notre voyage terminée ; nous nous reposerons chez le père Leguilcher, vieux missionnaire français, qui jadis conduisit pendant la guerre musulmane Francis Garnier dans les remparts de la ville.

Durant notre séjour à Talifou nos rapports avec le mandarin ne sont pas de même nature que ceux que nous avons eus avec les autorités de Ssemao. Ayant envoyé nos cartes de visite au préfet et au général, nous recevons de ces deux personnages une invitation venir les voir le lendemain. Mais lorsque nous nous présentons à leurs prétoires, il nous est, aux deux domiciles, répondu que les grands hommes ont mal à la tête. Quelques jours après, ils envoient un soldat pour nous demander nos passe-ports. Nous nous vengons de l'impolitesse de ses chefs en l'envoyant promener. Ce sont les derniers rapports que nous avons eus pendant notre voyage avec des autorités chinoises.

Les environs de Tali sont très riches; sur un petit espace on compte autour de la ville 73 villages, le sol est riche, on fait deux récoltes par an, les jachères sont inconnues. Ce sol puissant, que j'ai déjà vu au Setchuen, est reposé par le changement de culture, il donne ici tour à tour du maïs, de l'opium, du riz, du sarrazin et des légumes.

A l'entrée et à la sortie de la plaine, deux gros bourgs, la porte du sud et la porte du nord, servent d'entrepôts à la ville.

Le commerce suit trois grandes voies : au nord, celle de Houilichou et du Setchuen, à l'est celle de Yunnansen, au sud-ouest celle de Birmanie.

Les produits européens viennent de Bhamo, de Changhai, par le Yangtsé ou de Canton par le Sikiang et Yunnansen.

Le jour où Laokay sera relié par un service rapide et bon marché à un de nos ports du Tonkin, nos marchandises pourront prendre place jusqu'au marché de Tali.

Pendant les trois semaines que nous restons dans la grande ville occidentale du Yunnam, nous transformons notre caravane, achetons de nouveaux animaux, renvoyons les anciens muletiers pour prendre des hommes recommandés par le missionnaire.

Le 16 juin, nous nous remettons en route. Notre nouvelle troupe est bien supérieure à celle que nous avions formée en partant de Mongtsé. Nous avons un makotou, chef muletier, homme sérieux, froid, consciencieux, possédant les qualités qui manquent généralement aux gens de sa race. Nous n'entendrons jamais un juron, jamais un mot de plainte de sa bouche ; et nous pourrons avoir toute confiance en ce chef et ce sera pour nous un vrai repos de n'avoir pas sans cesse à intervenir dans la marche de la caravane.

Le Père Leguilcher nous a fourni un interprète. Il ne parle pas un mot de français, il est vrai, mais se débrouille assez bien en latin. Pour la première fois, j'ai senti d'une manière évidente l'utilité de mes études classiques. Joseph, ainsi se nomme notre nouvel interprète, est un chinois bien différent de ses compatriotes ; élevé tout jeune par le Père, il a été façonné par ce missionnaire et bien façonné. Dévoué, fidèle, infatigable, s'intéressant à tout, comprenant nos désirs, il deviendra pour nous un vrai ami, avec lequel nous aurons plaisir à causer en jargon latino-chinois.

Notre projet étant de reprendre l'exploration du Mékong, nous piquons dans l'Ouest. Une belle route passant par deux cols dont l'un de plus de 3.000 mètres nous mène à Yunloung chou. Nos animaux vont bien, les hommes sont gais ; c'est notre pain blanc que nous mangeons le premier.

A Yunloung chou, on nous indique une route menant à un pont sur le Mékong, Failoung Kiao. Nous voilà donc traversant de nouveau, le fleuve ami.

Mais sur la rive droite, on nous annonce que la route descend dans le S. O. vers Tengyueh et la Birmanie. Pour aller dans le Nord, il n'y a pas de route, à moins de remonter la rive gauche. La rive droite est d'ailleurs habitée par des tribus sauvages chez qui les gens civilisés (les Chinois se considèrent comme tels) ne vont jamais. Voilà qui est tentant pour nous. On nous parle d'une amorce de route conduisant à Lao, un village à trois jours de Feilong Kiao sur la rive à droite. Allons jusqu'à Lao ; ce sera autant de gagné et nous verrons bien si nous pouvons continuer.

De nouveau en route, nous marchons d'approche en approche, nous avançant grâce à des renseignements plus ou moins exacts jusqu'à la vallée de la Salouen. Avant d'atteindre cette vallée nous sommes déjà obligés de nous livrer à ces travaux, qui, jusqu'à Tsékou, vont rendre notre marche très lente. Nos hommes doivent se transformer en cantonniers. Chaque jour, il faut décharger les bagages et travailler à la route. Nous nous estimons heureux quand cette opération ne se renouvelle pas plus de deux fois par jour. Le chef muletier en avant, le pic à la main, dirige les travaux. La besogne est très pénible et de notre ancienne troupe, nous n'eussions jamais été en mesure d'attendre les efforts que celle-ci nous donne. La route réparée ou faite, on amène les mulets. Pour comble de malheur, nous avons une période de pluie, le terrain est glissant, les animaux tiennent mal. Ils tombent souvent. Je me souviens entre autres d'une journée où, au même endroit, nous avons vu successivement dégringoler d'une trentaine de mètres cinq mulets avec leurs charges. Il a fallu que tout le monde vint travailler à relever les bâts, à les raccommoder, à les remonter, puis à amener les animaux qu'après ces chutes formidables nous trouvons tranquillement broutant au fond du ravin, comme s'ils étaient faits de caoutchouc. Tout ce travail par une pluie battante. Encore quelques heures de marche pour gagner la chaumière où nous devions passer la nuit, chacun obligé de relever sans cesse des charges qui tombaient, la caravane séparée en plusieurs tronçons, une partie se trompant de route. Je plaignais nos hommes. Franchement, c'était trop de guigne. Il y avait de quoi pardonnez-moi le mot vulgaire qui rend bien la chose enrager. Au premier village, après ces journées si dures, quelques hommes nous ont quittés ; nous avons pu les remplacer par des gens du pays.

Au-delà de Lao à Lou Kou, sur les

bords de la Salouen, nous sommes bien reçus par un chef dépendant encore du gouvernement chinois. En Chine, on nomme Toussous, ces sortes de seigneurs féodaux indigènes à qui on laisse pleine liberté pour gouverner leurs sujets, mais qui doivent annuellement payer une redevance déterminée en espèces ou en nature au gouvernement impérial.

Le Toussou de Lou Kou nous donne des renseignements précis et un guide ; après avoir remonté quelques jours la vallée de la Salouen, nous rentrons le 9 Juillet dans celle du Mékong.

Le pays est sauvage, des forêts de pins et des bois de rhododendron couvrent les hauteurs qui séparent les deux vallées ; la Salouen est à une centaine de mètres au-dessous du Mékong à même latitude ; la vallée plus basse est aussi généralement plus large ; plus vaste, et plus boisée. Le Mékong, au contraire, apparaît comme un grand fossé élevé, maintenu entre deux bourrelets de montagnes, tantôt rocheuses et formant des gorges profondes, tantôt descendant jusqu'au fleuve en pentes nues de terre éboulée.

La profondeur des eaux doit être considérable. Les habitants l'ignorent ; M. Roux n'a pu, avec une corde d'une cinquantaine de mètres, trouver le fond.

La disposition de la vallée explique la difficulté de la marche. Pour arriver à Tsékou, depuis le 9 juillet, c'est-à-dire pour parcourir environ 3oo kilomètres nous mettons 48 jours. Sur la rive droite, il n'est jamais passé de mulets ; nous ne trouvons que des sentiers de piétons, fort étroits, souvent dangereux. Plus nous avançons, plus nous avons le désir de continuer et de n'être pas obligés de retourner sur nos pas. A côté de l'intérêt de l'exploration même, nous ne sommes par fâchés de montrer à des Chinois qu'avec de la volonté et de la patience, des Français peuvent passer là où eux-mêmes échoueraient. Mais quel travail ; sans notre makoteou nous ne nous en serions pas tirés ; c'est lui qui à la tête des escouades que nous recrutons de village en village, reconnaît les roches qu'il faut briser pour laisser place à la largeur du bât, taille des marches dans les éboulis, ou trouve sur la colline un détour, permettant d'éviter certains rochers.

Les mulets sont de bons montagnards et ont l'avantage de ne pas avoir le vertige, sans quoi nous étions menacés de n'en pas conserver un seul. Un de nos animaux tombe un jour dans le fleuve. Les hommes ont la chance de pouvoir arrêter sa charge (deux de nos malles) avant qu'elle atteigne l'eau. Quant à l'animal lui-même, emporté par le courant, il traverse le fleuve et aborde plus bas sur la rive gauche. Des villageois peuvent le chasser et nous le renvoyer par la même voie.

Nous trouvons une compensation aux difficultés et aux lenteurs de la marche dans l'étude des populations que nous traversons. Elles sont fort intéressantes et peu connues. Ce sont des Lamajen et des Lissous. Ces derniers, malgré leur réputation de férocité que leur ont faite les Chinois, nous reçoivent bien.

Un soir seulement, on nous annonce que les villageois effrayés de notre venue ont l'intention de nous attaquer. On ne voulait probablement que nous effrayer, car devant la fermeté de notre langage tout rentre dans le calme et nos hommes en sont quittes pour avoir simplement craint une alerte.

Lissous et Lamajen du bord du Mékong sont très craintifs. Les pauvres gens sont continuellement victimes des incursions des Lissous indépendants de la Salouen, brigands dangereux. Presque dans chaque village, on nous parle d'une troupe venue de l'autre côté de la montagne, deux jours, trois jours auparavant, enlever du bétail ou même quelques hommes, qui, s'ils ne sont pas rachetés par leurs frères, seront réduits en esclavage. Je demande aux villageois pourquoi ils ne rendent pas la pareille à leurs ennemis et ne vont pas, à leur tour, pirater chez eux : « Ils sont plus forts et mieux armés que nous ». A cette réponse, rien à dire.

Le soir, nous faisons chanter et danser les villageois : leurs rondes sont pittoresques et rappellent la bourrée d'Auvergne. Quand ils chantent, ils improvisent et généralement ils célèbrent les grands hommes qui en passant parmi eux leur apporteront la tranquillité et la prospérité.

Nous sommes, durant cette partie du voyage, victimes d'un vol grave ; les valises où Roux renfermait ses instruments théodolite et hypsomètre sont volés une nuit et malgré un jour d'arrêt et la promesse d'une forte récompense, nous ne pouvons rien retrouver.

Il faudra par la suite se contenter de faire des relevés à la boussole.

Le 15 Août nous sommes obligés de passer sur la rive gauche du Mékong, la route sur la rive droite étant rendue absolument impraticable par des falaises à pic.

Ces quelques jours passés sur l'autre rive nous permettent de rendre visite à un petit roi indigène dont l'influence nous sera par la suite d'une grande utilité. Ce roitelet est Mosso. Le peuple Mosso qui s'étendait autrefois fort avant

dans le Thibet en fut repoussé à la suite
de guerre dont un poème thibétain nous
raconte les exploits et maintenant il se
trouve resserré autour de Likiang.

Le Mokoua ainsi qu'on nomme ce chef
est célèbre dans la région; on raconte
des anecdotes qui donnent une haute
idée du caractère de ce jeune homme.

Ses sujets sauvages étant descendus
une année des montagnes au premier
janvier pour lui porter leurs tributs,
résolurent, à la suite de mécontentement
contre ses délégués, de le tuer. Le roi,
apprenant ce dont il était menacé, des-
cendit seul parmi les mécontents, décou-
vrit sa poitrine et leur dit : « J'ai toujours
essayé de gouverner selon la justice, que
mon peuple me juge et que celui qui me
trouve coupable me frappe ». L'attitude
courageuse et simple du roi ramena tout
le monde à lui.

Dans une autre circonstance, les missionnaires français situés plus au nord,
s'étant vus en but à des persécutions, le
petit chef les reçut et les protégea chez
lui. « Nous avons été amis, leur dit-il,

dans les temps heureux, restons-le dans le malheur ».

Je n'ai pu passer que quelques heures chez lui malgré l'invitation qu'il avait bien voulu nous faire de rester au moins une nuit. Parmi les cadeaux que nous avons échangés, j'ai reçu un manuscrit hiéroglyphique des plus curieux.

Deux jours plus au nord, nous avons la chance de passer la nuit dans une lamasserie dont les prêtres nous accueillent fort bien.

Le 19 Août, nous repassons le fleuve sur un pont de corde sur lequel hommes et animaux glissent tout à tout attachés à une petite sellette de bois, c'est le procédé thibétin. Lorsqu'on se sent suspendu à une vingtaine de mètres au-dessus du fleuve on éprouve un certain sentiment d'étonnement, après quelques traversées de ce genre on s'y fait. Nous atteignons Tsékou.

Tsékou est une station de la mission du Thibet, de cette pauvre mission sans cesse persécutée et qui malgré l'énergie de notre ministre à Pékin, et les promesses fallacieuses du Tsongli Yamen, attend encore que ses anciens établissements lui soient rendus. Le Père Dubernard qui est depuis 28 ans dans la région, voit pour la seconde fois des voyageurs européens ; on pense l'accueil que nous trouvons chez ce compatriote.

Sans aide, sans appui, des missionnaires français, nous n'eussions jamais pu non seulement réussir, mais même tenter la dernière partie de notre voyage.

Je suis heureux de saisir cette occasion pour rendre hommage à la générosité, au désintéressement, au courage de ceux qui font aimer au loin le nom de la France !

A Tsékou, nous avons fini l'exploration du Mékong en Chine ; nous avons donc terminé notre mission proprement dite et rempli le but que nous nous étions proposés. Il s'agit maintenant de rentrer.

Tandis que je me repose et essaie de me débarrasser des fièvres dont je viens d'être pris, M. Roux fait une pointe jusqu'à Atentzé, à trois jours de Tsékou sur la rive gauche du Mékong ; il pourra ainsi pour ses levés à la boussole prendre un point de départ fixé par d'autres voyageurs.

Mon compagnon étant de retour, et la fièvre m'ayant quitté, nous nous occupons du départ.

Notre projet est de tenter la route la plus directe vers les Indes, à travers pays totalement inconnus. Nous tâcherons de nous tenir le plus près possible de la frontière sud du Dzayul, afin de chercher à résoudre d'une manière définitive le problème de la Salouen et de l'Iraouaddy, en coupant les hautes branches de celui-ci près de leur source.

Au-delà de la Salouen, il y aurait un grand fleuve appelé Kiou Kiang, coulant dans un pays très difficile, habité par des sauvages nus. Voilà les seuls renseignements que nous pouvons recueillir sur la région où nous allons nous engager. Qu'importe ! Partons. Nous verrons bien.

Le 10 Septembre nous quittons Tsékou; notre caravane est de nouveau transformée. Nous avons renvoyé le plus grand nombre de nos mulets, avec tous nos muletiers chinois, nos collections, et tout ce qui ne nous est pas absolument nécessaire, à Ta-li-fou (par la grande route Ouisi, Likiang). Nous n'avons gardé que le strict nécessaire et une quinzaine de mulets. Outre notre interprète Joseph, deux Chinois et les Annamites, notre troupe comprend vingt-six hommes de Tsékou ou des environs. Ce sont des gens vêtus à la tibétaine, parlant entre eux tibétain ; mais la plupart étant métis de différentes races qu'on trouve autour de Tsékou, sont polyglottes. Presque tous parlent chinois; quelques-uns le mosso, le louzé, et le lissou. Le plus grand nombre est chrétien. Ces hommes serviront à la fois de porteurs et de mafous. Ils s'engagent à nous suivre où nous voudrons, aussi longtemps que nous voudrons. Nous, de notre côté, nous nous engageons à les rapatrier par la voie qui nous paraîtra la plus facile et la moins dangereuse.

Après deux jours de montée, nous quittons la vallée même du Mékong et piquons dans l'ouest par un défilé d'une grandeur étonnante. Deux gigantesques rochers gardent l'entrée de la gorge, on tourne l'un d'eux par un sentier de chèvre à pic, et on redescend dans un vrai canon comme ceux du Colorado.

Encore une semaine et nous sommes sur les bords de la Salouen ; le col que nous avons franchi avait *3.600 mètres*. Un grand pic qui le domine a reçu de nous le nom de Francis Garnier. Durant ce trajet nous avons souffert de pluies continuelles. Nos animaux glissent à chaque instant et il faut faire la route à pied.

A Tionra où nous revoyons la Salouen, le fleuve qui d'après les dernières cartes anglaises, semblait prendre sa source à cette latitude, est bel et bien un beau cours d'eau de plus de 100 mètres de large. Le passage s'effectue facilement en petites pirogues grâce à l'appui des populations Loutzès que nous traversons. Nous entretenons de bonnes relations avec les Lamas de Tchamoutong qui, voyant que nous ne nous dirigeons pas vers le Tibet, nous envoient du beurre et des provisions à vendre.

Une chaine avec un col de 3.600 mètres se dresse entre la Salouen et un affluent de droite de celle-ci. Ce serait pour nous un trop long détour de l'aller chercher à son embouchure. Il faut passer la montagne.

Au pied de cette montée, nous nous voyons dans la nécessité de renvoyer nos mulets. Nous les expédions sous la garde de deux hommes à Tsékou; nous renvoyons en même temps quelques menus bagages qui ne nous semblent pas absolument indispensables.

Dès lors, jusqu'au 18 Novembre, nous suivons des sentiers absolument impraticables aux animaux. Bien qu'accidenté, le pays est le même dans son aspect général ; ce ne sont que montagnes boisées, que vallées profondes au fond desquelles coulent de larges torrents aux eaux d'un beau bleu.

Le premier col que nous passons pour entrer dans le bassin de l'Iraouaddy nous découvre une vue superbe ; un cahos de

montagnes à perte de vue, une vallée se
dirigeant vers l'ouest, c'est un coude que
fait le Kiou-Kiang, la première et
principale branche de l'Iraouaddy ; et
plus loin au delà d'une dépression
qu'on devine, encore de hautes montagnes, qu'il faudra passer avant
d'atteindre les Indes ; que d'ascensions
en perspective. Notre cuisinier Nam,
originaire des belles plaines de Cochinchine, constate avec désespoir que les
montagnes ne sont pas près de finir. Au
nord, la grande chaîne blanche des
Alpes du Dzayul, que nous renvoyons
plusieurs fois et qui limitent le bassin
de l'Iraouaddy.

Le sens même de notre marche dans
l'ouest, c'est-à-dire perpendiculairement
à la plupart des cours d'eau nous force
à des montées et à des descentes continuelles; en trois mois nous avons franchi
17 chaînes.

Des routes il n'y en a, à proprement
dire, pas. On escalade les côtes à quatre
pattes en s'aidant autant des mains que
des pieds, en s'accrochant tant bien

que mal aux racines lorsqu'on en trouve;
on passe les rochers en cherchant un
point d'appui sur les moindres anfractuo-
sités ; lorsque la roche est trop haute,
les rares passants ont dressé contre elle
un tronc d'arbre, marqué d'encoches ;
c'est l'échelle sur laquelle il faut se
hisser. Les torrents sont traversés à
l'aide de ponts en rotin auxquels on se
suspend dans une sorte de cerceau ; on
s'aide avec les pieds ou les mains ; ou
bien on jette sur le cours d'eau un
bambou, sur lequel il faut garder l'équilibre. Quand les eaux ne sont pas trop
profondes, on passe à gué.

Certains torrents sont utilisés comme
voies de communication. C'est alors la
marche la plus pénible ; durant deux ou
trois jours on les suit, sautant de pierre en
pierre, glissant, tombant sans cesse ; cet
exercice d'équilibre qu'il faut continuellement recommencer, devient exaspé-
rant. Ajoutez à cela qu'on n'est jamais
sec ; quand on a eu le bonheur rare de
ne pas tomber tout de son long dans
l'eau, la pluie se charge de mouiller la

partie des vêtements que n'aurait pas atteinte l'eau des torrents.

Si nous avons des difficultés matérielles, nous avons la chance de ne pas en avoir avec les habitants. Ces montagnes sont habitées par des tribus Kioutsés (c'est le nom générique qui leur est donné par les Chinois). Hommes de taille moyenne, généralement nus sauf une petite ceinture, les Kioutsés ont un beau type. Teint pâle, grands yeux noirs, traits réguliers, figure fine, abrités sous une forêt de cheveux noirs qui leur tombent sur les épaules et sont coupés en couronne sur le front. Les femmes sont laides.

Les Kioutsés sont timides, mais une bonne réputation établie autour de nous, se trouvant colportée de village en village, on nous accueille bien.

Quand je dis un village, c'est une manière de parler ; les plus grands comptent une dizaine de cases, disséminées dans les montagnes ; les villages les plus rapprochés sont à trois jours les uns des autres.

La grande difficulté que nous rencontrons est dans le ravitaillement ; nous avons souvent peine à trouver le strict nécessaire pour nourrir notre troupe ; aussi le moindre retard à notre marche entre deux villages, nous met-il en précaire danger.

Un certain soir, entre autres, n'ayant que trois jours de vivres et autant de marche à faire pour atteindre le prochain village, nous sommes arrêtés par la crue d'un torrent qu'il faut traverser. Impossible de remonter plus haut. Il faut, coûte que coûte, passer. Personne ne veut s'y risquer et pour nous consoler les indigènes nous disent que quand les eaux sont si hautes, on reste chez soi. Il faut une providentielle baisse des eaux pendant la nuit pour nous tirer de cette situation critique à laquelle nous ne pouvions entrevoir une issue.

Vers le milieu de novembre nous approchons d'une grande plaine dont on nous entretient depuis quelque temps, et qu'on appelle Apon ou Moam. Séduits par les descriptions des indigènes et aussi par l'idée de marcher à plat, nous considérons déjà la plaine comme une terre promise. Nous devons y trouver du sel, dont nous avons été privés pendant dix jours, de la graisse, de la viande que nous ne connaissons que de loin en loin ; des légumes dont nous avons presque oublié le goût, ce sera le paradis.

Khampti, que nous atteignons le 18 Novembre est en effet une large plaine, traversée par la branche occidentale de l'Iraouaddy, le Nam-Kiou. Les habitants sont Thais ; même race, même costume, même écriture, mêmes objets religieux qu'au Laos. Il était intéressant de retrouver aux frontières de l'Inde des débris de cette race qui au nord touche le Setchuen, au sud, la presqu'île de Malacca et à l'est la rivière de Canton.

Plus civilisés que les sauvages au milieu desquels nous venons de vivre, les Thais sont moins hospitaliers.

Ils ne vous attaquent pas, mais essaient de vous rançonner. Après 6 jours de palabres d'autant plus longs que pour expliquer la moindre chose, il nous faut passer par une chaîne de quatre interprètes, nous sommes obligés, pour obtenir des vivres et des guides, de céder plusieurs winchesters et une somme rondelette de roupies. Je me console en me rappelant que jadis au Tibet, nous avons dû causer pendant 40 jours pour obtenir le droit d'avancer. Ici les chefs se montrent d'une rapacité qui nous dégoûte ; et ce sont des gens qui se targuent d'avoir été à Calcutta et à Mandalay ; le jour de notre départ, le fils du roi me fait savoir qu'il serait heureux d'avoir mes bottes. On pense quelle réponse je lui ai faite. En voyage, surtout à pied, la chaussure est objet sacré.

Le 24 Novembre nous quittons la vallée inhospitalière de Khampti d'un bon pas, en chantant, plein d'entrain et de gaieté ; nous ne sommes plus, nous a-t-on dit, qu'à 10 ou 12 jours des Indes ; et il nous semble que cette dernière étape doive être vite et facilement franchie. Nous nous trompons hélas !

Cette partie du voyage est la plus

dangereuse et la plus pénible. Aux difficultés de la route même qui nous rappellent celles que nous avons déjà connues, torrents à suivre ou à traverser, cinq montagnes successives à franchir, marche sur des rochers, équilibre à garder sur des ponts de bambous, vient s'ajouter une série d'obstacles d'un autre genre. Chaque jour c'est quelque chose d'imprévu qui vient arrêter ou du moins retarder notre marche. Nous ne sommes pas habitués à tant de malechance.

On nous avait donné des renseignements inexacts. Pour atteindre le premier village d'Assam, il faut 15 longues étapes; heureusement avons-nous pris par précaution 16 jours de vivres.

Au départ, d'abord 5, puis 3 porteurs indigènes s'enfuient ; ils sont effrayés de la longueur de la route. Nous devrons, en effet, parcourir 140 kilomètres de déserts de forêts au milieu de montagnes. Nous sommes obligés de quitter le dernier village avec 11 porteurs supplémentaires, au lieu de 15 que nous voulons.

La maladie qui jusqu'alors nous avait épargnés vient frapper la troupe ; les hommes ont pris des germes de fièvre, pendant les nuits brumeuses de Khampti. Ils sont anémiés, harassés, plusieurs ne peuvent plus porter leur charge. Il faut pourtant avancer. Les plus forts viennent en aide aux plus faibles ; on s'entr'aide et on continue.

Après quelques jours c'est sur mes compagnons même que la fièvre vient s'abattre. Roux est pris d'un fort accès et Briffaud est bientôt atteint à son tour. Vous pouvez vous imaginer les émotions par lesquelles j'ai passé, les angoisses auxquelles j'ai été en proie durant ce trajet, et en entreprenant ce récit, j'ai encore le cœur tout serré à la pensée du désastre épouvantable dont notre troupe a été sur le point de devenir victime.

Lorsque mes compagnons tombent malades, nous avons déjà avancé de huit jours, nous sommes presque à moitié route. On ne peut, dans l'état où sont nos hommes, retourner en arrière. Un mois d'arrêt dans un pays malsain ne les remettrait peut-être pas. On ne peut envoyer chercher des approvisionnements et manger sur place ceux qu'on a, avec le risque de ne pas en recevoir de nouveaux. Il n'y a qu'à avancer. Je divise la colonne en deux. Les moins forts vont continuer de suite avec les indigènes et le guide. Ils nous marqueront la route et s'ils arrivent avant nous à un village, ils enverront immédiatement des vivres. Nous-mêmes, avec les plus forts, atten—dront un jour pour permettre à nos compagnons de se reposer. C'est tout ce qu'on peut faire. Encore est-ce risqué.

Au bout d'un jour, Roux ne se sent pas de force à se mettre en route. Il me prie de partir avec la seconde colonne et m'écrit un papier certifiant que c'est lui qui désire instamment mon départ. Je le laisse avec deux hommes et douze jours de vivres. Quoi qu'il m'en coûte d'aban-donner ainsi dans la montagne, peut-être à huit jours de tout ravitaillement possible, un compagnon malade, je comprends que mon devoir est de partir. En restant je ne ferais qu'augmenter d'un membre la troupe qui consomme sur place, et je puis être bien plus utile en allant aussi vite que possible en avant, et en m'occupant du ravitaillement. Briffaud, malgré sa faiblesse, vient avec moi. Encore deux jours et nous passons à 3.000 mètres, par un peu de neige, le col qui nous sépare du bassin du Brahmapoutre. Devant nous, au loin, la grande plaine des Indes, c'est-à-dire le terme de notre voyage, le salut. La joie de toucher au but est effacée pour moi par les soucis qui nous tourmentent encore.

Au bas du col, nous trouvons deux hommes de la première colonne, restés à la recherche d'un vieillard qui, souffrant, n'avançant que difficilement, s'est perdu dans la nuit. Hélas on ne l'a pas retrouvé. Les tigres sont nombreux. Il est perdu, le pauvre vieux !

A la nuit, sur une terrasse au milieu des rhododendrons parmi lesquels nous sommes campés, nos hommes se réunissent en cercle, et s'étant tournés vers Tsékou, s'agenouillent pour réciter pendant près d'une heure de longues litanies.

Ils prient pour leur aîné qu'ils ne reverront plus. Des rafales de vent d'ouest font frissonner la cime des arbres, tandis que quelques bûches demi-consumées éclairent mal cette scène lugubre. De ma vie je n'ai vu de spectacle aussi saisissant et aussi profondément triste.

Pendant les jours qui suivent, c'est une marche forcée, à longues étapes. Chacun cherche tout ce qu'il peut donner de forces. On comprend qu'il faut avancer coûte que coûte. On fuit devant la mort.

Nos vivres baissent ; on est pourtant à la ration. Les hommes ne font que deux repas par jour : trois écuellées de riz largement étendu d'eau.

Nous n'avons qu'une demi-journée de retard sur la première colonne que nous savons un peu mieux approvisionnée que nous. On envoie, pour tâcher de la rejoindre, deux porteurs indigènes, restés avec nous. Ils diront à ceux qui nous précèdent de nous laisser un peu de riz.

On continue ; il n'y a plus qu'un repas ; puis plus rien du tout. Nous sommes obligés d'abandonner deux de nos hommes malades qui ne peuvent avancer aussi vite que nous. On leur enverra du riz dès que nous en aurons. La tente, les ustensiles sont abandonnés. On ne garde plus que les couvertures et une ou deux marmites. La marche est retardée par des gués continuels, des passages de torrent avec de l'eau jusqu'aux aisselles. Les hommes ont marché vingt-quatre heures sans rien manger, lorsque nous trouvons un homme laissé en arrière par la première colonne, avec un sac de riz ; on est sauvé. De plus, on nous annonce que nous ne sommes qu'à un jour d'un petit village. Il faut immédiatement songer aux deux malades restés en arrière. Je promets une forte récompense à qui veut leur porter secours. Un vieux Tibétain, Jayo, se lève ; il repartira en arrière et ramènera ses camarades après leur avoir donné des vivres.

Nous voici au premier village ; ce sont des Mishmi, mais soumis, ceux-là. Nous retrouvons la première colonne qui, partie vingt-quatre heures avant nous, ne nous a précédés au village que de trois heures. On amasse aussitôt tout ce qu'on peut de riz et on l'envoie en arrière avec deux indigènes et un de nos hommes. Ils pourront revenir sur leur pas pendant au moins six jours et approvisionner la petite colonne de Roux. Pourvu que celui-ci ait pu passer le col, il est sauvé.

Nous avons si bien réussi à approvisionner ceux qui sont derrière nous en détresse, que nous ne trouvons presque plus rien pour nous-mêmes. On ne veut plus rien nous vendre. C'est avec un peu moins d'un jour de vivres que nous partons pour le premier village important d'Assam, Bishi, qu'on assure être à deux jours de marche. Nos hommes me disent en riant qu'en mettant beaucoup d'eau dans le riz, cela pourra aller.

Nous avons encore dépêché deux indigènes en avant à Bishi, pour nous faire envoyer du riz.

On repart donc sans trop d'inquiétude. Mais notre guide perd la route.... C'est trop d'infortune ! ... Il nous engage dans un petit torrent, disant que celui-ci, allant à la Dihung, et la Dihung passant à Bishi, on est sûr de trouver le village.

Nous passons encore une soirée fort triste, et nos pauvres hommes me semblent cetre fois bien découragés ; il y a de quoi.

Le lendemain, après nous être péniblement frayé une route à travers bois, nous arrivons vers midi à une hutte de pêcheurs. Nous achetons du riz et du poisson et on nous montre la route. Quelques heures après nous rencontrons les gens de Bishi, venus au-devant de nous, pour nous offrir du riz. Nous sommes désormais tout à fait hors d'affaire.

Le 16 décembre nous atteignons Bishi habité par des Singphos, gens aimables et hospitaliers bien différents des Thaïs de Khampti. Nous arrêtons dans ce village pour attendre nos compagnons restés en arrière. Le 17 décembre arrivent les deux malades accompagnés du brave Jayo.

De Roux, pas de nouvelles encore ; nous sommes très inquiets : si la fièvre ne lui a pas permis de partir, sa situation est critique. Nous ne pouvons, hélas ! plus rien pour lui ; nous n'avons qu'à attendre. Journées bien tristes encore et qui nous paraissent terriblement longues.

D'un autre côté, malgré la bonne volonté des habitants, le ravitaillement de nos 40 hommes devient difficile. Il faut repartir. La plaine étant très peuplée, on fera de courtes étapes, et on restera dans chaque village tant qu'il pourra nous fournir des vivres.

Le 20 décembre, j'envoie donc mes hommes en avant. Briffaud et moi les rejoindrons dans l'après-midi. Bien nous a pris d'attendre. Vers 10 heures tandis que j'écris mes notes, j'entends crier Loutajen (le grand homme Roux). Un instant après mon compagnon tombait dans mes bras.

Avec ses porteurs, il a eu aussi un voyage difficile. Ses hommes ont tour à tour été malades ; il a dû pendant une journée porter une demi-charge. Une crue subite de la Dihung a ensuite arrêté la petite colonne pendant 2 jours. Un des hommes

a failli se noyer en tentant le passage
malgré l'impétuosité des eaux.

Enfin les voilà, nous sommes tous
réunis sains et saufs, et malgré la douleur
que nous a causé la mort d'un des nôtres
nous nous estimons heureux de nous
être tirés à si bon compte de cette
traversée si pénible.

Si nous avons pu réussir, c'est bien à
nos hommes que revient une bonne part
du mérite.

Rien ne met plus à découvert les
tempéraments que la vie de voyage.
Dans la vie côte à côte, on oublie
facilement les différences de races et on
ne voit plus dans un de ses serviteurs
qu'un semblable. Et on s'attache à ses
compagnons qu'unissent à vous les liens
étroits de la misère commune.

Je tiens à envoyer encore d'ici au loin,
aux frontières du Tibet, mes remercie-
ments à ces hommes de cœur, à ces
frères en amitié et en dévouement, qui
formés par nos missionnaires, confiant
dans la parole des Français, nous ont
suivi jusqu'au bout sans une parole

de regret, sans un mot de plainte.

Nous sommes dans la plaine des Indes et nous en avons bien fini avec les difficultés et les misères de la route ; plus de marches dans des torrents, plus d'escalades, plus de passages dangereux sur des bambous, plus de disette ; nous sommes dans un pays de Cocagne où nous trouverons tout en abondance et où l'on marche à plat.

Nous marchons à pied avec plaisir, comme si nous avancions tout seuls. Devant nous, les villes avec la civilisation et le luxe que depuis de longs mois nous ne connaissons pas ; il semble que nous renaissons à la vie et que nous approchons du paradis.

Fatigués de voir et de regarder, c'est à peine si au cours du voyage jusqu'à Calcutta je jetterai quelques regards sur ces belles exploitations agricoles que les Anglais ont su créer en Assam.

Le pays est un immense jardin de thé qui, grâce à l'esprit de suite, à la hardiesse des capitalistes s'appuyant sur une bonne administration et sur une réglementation du travail, donne de superbes résultats.

Une flottille de vapeurs sillonne le Bhramapoutre et sur ses rives nous voyons les villes naissantes où les Anglais trouvent au milieu de leur famille la vie libre, saine et aisée.

En même temps que le spectacle des travaux exécutés par les Anglais dans les Indes Orientales excite notre admiration, je me sens le cœur étreint par les douloureux souvenirs que le nom des Indes réveille en tout Français.

Un de vos compatriotes, Messieurs, un enfant du Nord, de Landrecies, Joseph Dupleix avait lu dans l'avenir, il avait compris quel profit, quelle puissance, quelle richesse une nation européenne pourrait retirer un jour de l'empire des Indes.

Je n'ai pas à redire ici les efforts désespérés de ce héros incompris, qui, seul contre des nations européennes, contre son propre pays lutta désespérément et qui, vaincu par la force, n'eut d'autre satisfaction que de mourir pauvre ayant passé à côté de la plus grande fortune sans vouloir rien prendre.

Messieurs, en vous remerciant de l'accueil que vous venez de me faire ici, de l'attention que vous avez bien voulu prêter à mon récit, permettez-moi d'associer au nom du Nord, celui du grand patriote, qui voulait pour la France l'empire des Indes.

Que l'exemple du passé serve d'enseignement pour l'avenir, que la leçon donnée par Dupleix, consacrée par l'œuvre des Anglais, profite à tous ceux, dont je suis, qui rêvent la grandeur de la France d'Outre-Mer.

HENRI–PHILIPPE D'ORLÉANS.

LILLE, IMP. L. DANEL.

TOVT PAR LABEVR
M DANL LILLE